Céline Frankenhauser
Brownie, Flocke, Susi & Co.

Céline Frankenhauser

# Brownie, Flocke, Susi & Co.

Wie die Begegnung
mit Kamerunschafen
mein Leben veränderte

Haag + Herchen

*Alle im Buch und auf dem Umschlag enthaltenen Fotos stammen von Céline Frankenhauser.*

Bibliografische Information der Deutschen Nationalbibliothek
Die Deutsche Bibliothek verzeichnet diese Publikation in der Deutschen Nationalbibliografie; detaillierte bibliografische Angaben sind im Internet unter http://dnb.dnb.de abrufbar.

ISBN 978-3-89846-892-3


Satz und Layout: mr
Umschlaggestaltung: Maria Reichenauer
Herstellung: dp
Printed in Germany

Verlagsnummer 3892

Alles begann im Sommer vor zwei Jahren. Meine Eltern und ich kamen nach einem schönen Urlaub mit neuen Erfahrungen und ziemlich entspannt gegen Ende August/ Anfang September nichts ahnend nach Hause. Wir leben in einer Stadt mit knapp 17.000 Einwohnern.

Im Gegensatz zu manch anderen wohnen wir in einem Haus, das weiter zurückgesetzt ist als andere Häuser. Nach unserem Haus kommt keines mehr, deshalb haben wir eine sehr schöne Aussicht. Angrenzend an unser Grundstück befindet sich eine große Wiese, die unserer Nachbarin Ellice gehört.

An dem Tag, als wir aus dem Urlaub nach Hause kamen, haben wir erstmal die Koffer ausgepackt, die Wäsche gewaschen und versucht, uns wieder an den Alltag zu gewöhnen. Wenn ich aus meinem Fenster blicke, sehe ich unter anderem auch den Garten von unserer Nachbarin. Und wie immer schaute ich nach unserer Ankunft zuhause aus meinem Fenster und war erstmal ziemlich erstaunt. Auf der Wiese befanden sich Schafe! Wie sich dann später herausstellte, handelte es sich um Kamerunschafe.

Ich ging gleich ins Wohnzimmer zu meinen Eltern und erzählte ihnen von meiner Entdeckung. Mein Herz schlug höher, als ich die friedlichen Schafe auf der großen Wiese weiden sah, denn Tiere sind meine Leidenschaft.

Zu diesem Zeitpunkt vor zwei Jahren hatte ich keinen regelmäßigen Kontakt zu unserer Nachbarin Ellice.

Ein paar Tage nach unserer Rückkehr aus dem Urlaub wollte ich einmal zu den Schafen gehen. Vor zwei Jahren hatte ich überhaupt keine Ahnung von diesen Tieren.

Ich sprach mir selbst Mut zu und ging über unseren Rasen zu der Wiese von Ellice, auf der sich die Schafe aufhielten. Natürlich blieb ich nicht unentdeckt und die Tiere kamen neugierig zu mir gelaufen. Zwischen mir und den Schafen befand sich ein Elektrozaun, den sie respektvoll zur Kenntnis nahmen.

Da ich an Tieren sehr interessiert bin, wollte ich unbedingt mehr über die Schafe erfahren. Ein paar Tage nach der ersten Begegnung ging ich wieder zu ihnen und wollte etwas Zeit mit ihnen verbringen. Zu meiner Überraschung hatte ich zufälligerweise genau einen Zeitpunkt ausgewählt, als Ellice nach den Schafen schauen wollte.

Ich wusste nicht, ob es eine gute Idee wäre zu fragen, ob ich vielleicht mitgehen dürfte. Nach längerem Überlegen fragte ich sie dann doch. Ellice erlaubte es und gemeinsam gingen wir zu den Schafen hinein. Wir wurden lautstark von ihnen begrüßt und umringt. Es gab ältere und jüngere Tiere, auch Mutterschafe, die sich um ihre Lämmer kümmerten.

Durch meine vielen Fragen kamen wir ins Gespräch miteinander und ich erfuhr ein paar allgemeine Dinge über Kamerunschafe. Sie stammen ursprünglich aus Westafrika, genauer gesagt – wie ihr Name schon verrät – aus Kamerun, wobei man nicht genau weiß, wann und wie erstmals Tiere nach Europa kamen.

Bei den Kamerunschafen handelt es sich um eine widerstandsfähige und genügsame Rasse mit dichtem Haarkleid. Sie gelten allgemein als unkompliziert und unempfindlich gegenüber Kälte. Es gibt sie in den Farbschlägen braun/schwarz, schwarz/braun, rein schwarz oder gescheckt (dreifarbig).

Meist werden Kamerunschafe als Fleischlieferanten ge-

halten, wobei ihr Fleisch von Geschmack und Beschaffenheit her Wild ähnelt. Oft dienen sie auch als eine Art tierischer Rasenmäher. Die Landschaftspflege mit Schafen hilft das Gras kurz zu halten, verbuschten Wiesen vorzubeugen und dazu beizutragen, dass das ökologische Gleichgewicht erhalten bleibt.

Ich durfte nun öfter zu den Schafen gehen und lernte dadurch die einzelnen Tiere und ihren jeweiligen Charakter kennen. Nach einer gewissen Zeit half ich ab und zu die Tiere zu versorgen und beschäftigte mich immer wieder gerne mit ihnen.

Eines Tages, als ich wieder einmal auf dem Weg zu den Schafen war, stand ein mir unbekannter jüngerer Mann zusammen mit Ellice am oberen Teil der Wiese. Eigentlich wollte ich wieder nach Hause laufen, aber dann packte mich die Neugier und ich gesellte mich dazu. Zu meiner großen Überraschung stand der Besitzer der Kamerunschafe vor mir!

Allmählich kam ich mit Ellice und Anton – so hieß der Schäfer – ins Gespräch. Anfangs siezte ich ihn, doch bald ließen wir diese Förmlichkeit sein und gingen zum Du über. Von Anton lernte ich schon bei unserem ersten Gespräch viel über Schafe. Es stellte sich nur die Frage, ob mein Gehirn in so kurzer Zeit so viele Informationen aufnehmen und behalten konnte…

Kamerunschafe gehören zur Kategorie der leichteren Schafrassen. Ausgewachsene Auen[1] können ein Gewicht von ungefähr 35 bis 50 Kilogramm erreichen. Ausgewachsene Böcke hingegen können 45 bis 60 Kilogramm auf die Waage bringen.

---

1 Mutterschafe

Nach ein paar Wochen kamen noch weitere Schafe dazu, somit bestand die Herde letztlich aus etwa 24 Tieren. Nachts haben sie meistens gemeinsam unter einem der großen Apfelbäume oder einem kleineren Baum des Grundstücks geschlafen.

Da ich die Tiere so häufig sah, wurde mir ihr Tagesrhythmus schnell vertraut. Aufgrund der Größe der Herde bekamen die Schafe noch ein Grundstück dazu, das zur linken Hand von Ellice lag. Dieses war nur durch ein kleines Törchen abgetrennt. Als wir es öffneten, begriffen die Schafe das schnell und gingen jeden Tag gerne auch auf die andere Wiese. Die Tiere konnten somit selbst wählen, wo sie sich am liebsten aufhalten wollten.

Wenn abends Fütterungszeit war, haben wir sie immer alle gerufen und sie kamen so schnell sie nur konnten zu uns und freuten sich, wenn sie ein paar Leckerlis bekamen.

Mit der Zeit konnte man die verschiedenen Charaktere der einzelnen Tiere unterscheiden. Dementsprechend konnte man mit dem einen mehr oder weniger kommunizieren. Langsam baute sich eine Grundbasis des Vertrauens zwischen den Tieren und mir auf.

Irgendwann versuchten einzelne Tiere, auf die saftige grüne Wiese unserer anderen Nachbarin zu gehen. Zum Glück haben wir schnell bemerkt, dass sie sich selbstständig machen wollten und sind noch rechtzeitig hingekommen, um sie wieder zurück auf die richtige Weide zu bringen.

Ich war nicht die Einzige, die sich für die Schafe interessierte. Die Nachbarskinder von Ellice kamen irgendwann dazu und wollten ebenfalls ab und zu etwas Zeit mit den Kamerunschafen verbringen. Dadurch entstand für mich ein neuer Kontakt zu den beiden Mädchen.

Als sich die Landschaftspflege auf der Wiese langsam dem Ende zuneigte, fragte ich mich, was nun wohl mit den Tieren geschehen würde. Manche Schafe hatten sich durch ihren Charakter, ihr Aussehen oder beides in Kombination in unser Herz geschlichen.

Als sich eine gute Gelegenheit ergab, stellte ich Anton meine Frage und bekam als Antwort, dass ein Teil der Schafe von der Wiese geschlachtet werden sollte. Er wollte allerdings die Tiere, die er erst später gebracht hatte, auf jeden Fall wieder mitnehmen, da dies seine Zuchtgruppe war.

Zunächst war ich total geschockt und gleichzeitig sehr traurig über diese Nachricht. Ich konnte mir nicht vorstellen, dass ein Teil der Tiere, mit denen ich mehrere Wochen verbracht hatte, geschlachtet werden sollte. Meiner Nachbarin Ellice ging es ähnlich wie mir, denn wir hatten einige der Schafe richtig liebgewonnen.

Wenn Kamerunschafe nicht geschlachtet werden oder frühzeitig sterben, haben sie eine Lebenserwartung von zehn bis zwölf Jahren.

Ich selbst mochte ein dreifarbiges Mutterschaf mit einem natürlich gewachsenen Fell und einer herzförmigen Zeichnung auf dem Rücken besonders gern. Durch ein kleines Missverständnis dachten wir, dass das Mutterschaf mit dem Fellherz Susi hieß. Später stellte sich aber heraus, dass sie eigentlich keinen Namen hatte, sondern dass ihre Mutter Susi gerufen wurde. Susi hatte noch eine Schwester, der wir den Namen Lamse gaben.

Der Kosename Lamse stammt von dem dänischen Wort ›Lamseben‹. Lamse heißt übersetzt ›kleines Lamm‹. Wir nannten sie so aufgrund ihres besonderen Aussehens. Insbesondere auffällig sind ihre weißen Hinterläufe mit den schwarzen Füßen, die wie Schuhe aussehen.

Das kleine Missverständnis war nicht schlimm, wir nannten sie einfach trotzdem immer Susi, und wenn es um die Unterscheidung von beiden ging, sprachen wir von Susi Junior. (Wichtig ist in diesem Zusammenhang, dass es in meiner Geschichte um Susi Junior geht.)

Susi hatte Zwillinge geboren, die gerade mal ein halbes Jahr alt waren. Beides weibliche Tiere – in der Fachsprache der Schäferwelt würde man sie als Aulämmer bezeichnen. Das eine Lamm war hellbraun mit schwarzen Konturen und einem längeren Schwanz mit einer weißen Spitze, das andere dunkelbraun mit schwarzen Konturen.

Susis Schwester Lamse war auch mit auf der Wiese von Ellice und wirkte sehr hübsch in ihrer Dreifarbigkeit. Susi selbst war zu ungefähr 50 Prozent weiß, aber im vorderen Teil ihres Körpers war sie braun mit ganz wenig Schwarz.

Alle vier Mädels sollten getötet werden. Klar, jedes Tier, das geschlachtet wird, macht keine Arbeit mehr, liefert aber Fleisch und Geld. Wenn ein Tier verkauft werden würde, hätte man zwar keine Arbeit mehr damit, aber auch kein Fleisch, sondern nur das Geld. Egal in welchen Bereich des Lebens man schaut, es geht immer nur um das liebe Geld. In diesem Fall ist das sehr schade, da das Leben der Tiere nicht wirklich zählt. Es geht nur um den Profit!

Oft kam Anton nicht vorbei, aber meistens haben wir ihn gesehen, wenn er da war und haben uns dann auch mit ihm unterhalten.

Ich weiß nicht mehr, wie es dazu kam, aber plötzlich sagte Anton, dass wir uns drei Tiere aussuchen könnten, die am Leben bleiben dürften. Diese sollten dann aber auch die meiste Zeit bei uns auf der Wiese bleiben, um sie weiter abzugrasen.

Ein weiterer Aspekt war, dass die Tiere für ihn keinen züchterischen Wert mehr hatten und deshalb geschlachtet werden sollten. Bevor wir irgendetwas entschieden, stellte Ellice klar, dass wir keine Besitzer von den Tieren werden wollten und auch keine Versicherung für sie übernehmen konnten. Das war ein sehr kluger Schachzug von meiner Nachbarin.

Wir suchten uns also drei Tiere aus. Unsere Wahl fiel auf Susi mit ihrem hellbraunen Aulamm, da beide Schafe neugierig waren und wir ein Potential in beiden sahen, sodass wir ihr Leben retten wollten. Als drittes wählten wir Lamse, da sie ein so einzigartiges Aussehen hat, außerdem einen guten Charakter. Susi und Lamse waren zu diesem Zeitpunkt beide eineinhalb Jahre alt, sie sind Schwestern.

Das schokoladenbraune Lamm von Susi war sehr scheu und hatte keinen Kontakt zu uns gesucht, obwohl wir jeden Tag mindestens eine Stunde mit den Tieren verbracht hatten. Deshalb war es erst einmal raus aus unserem Raster. Immer wieder versuchte ich an es heranzukom-

men, aber es verhielt sich sehr ängstlich und versuchte jedes Mal, mir aus dem Weg zu gehen.

Kamerunschafe sind im Unterschied zu vielen anderen Rassen Haarschafe, die selbstständig zweimal im Jahr ihr Fell wechseln, sie müssen also nicht geschoren werden. Das Haarkleid ist dicht und eng anliegend. Es sind zwei Fellschichten vorhanden.

Das immer bestehende Deckhaar wird in der kalten Jahreszeit von warmer Unterwolle als Schutz gegen die Kälte ergänzt. Es hängt vom Klima ab, wann die Unterwolle zu wachsen beginnt und wann sie wieder abgeworfen wird.

Das dunkelbraune Lamm von Susi hatte an den Hinterbeinen noch Fellreste, die ich gerne entfernt hätte, aber durch seine Angst war das nahezu unmöglich. Manchmal gelang es mir, durch ein Ablenkungsmanöver einzelne Fellreste zu entfernen, aber die Kleine merkte jedesmal sehr schnell, dass das, was sie berührte, meine Hand war, ergriff dann die Flucht und ich hatte an diesem Tag keine Chance mehr an sie heranzukommen.

Aber ganz plötzlich wurde die Kleine vom einen auf den anderen Tag mir gegenüber so zutraulich, dass ich es selbst erstmal nicht fassen konnte. Es schien, als ob irgendjemand einen Schalter in ihr umgelegt hätte. Ab diesem Moment wollte auch ich sie nicht mehr unter dem Messer liegen sehen und fragte Ellice, ob man sie nicht als viertes Schaf aufnehmen könne. Meine Nachbarin überlegte und meinte dann, dass die Wiese eigentlich groß genug sei für vier Schafe.

Sie schlug vor Anton zu fragen, denn mehr als Nein könne er nicht sagen. Erfreulicherweise lehnte Anton nicht ab, somit durfte auch das dunkelbraune Aulamm zusammen mit den anderen drei Mädels bei uns bleiben. Als ich das hörte, war ich ehrlich gesagt ziemlich glücklich ...

Nach einiger Zeit war die Weide der Schafe abgegrast, sie mussten zu einer neuen Wiese wechseln, um dort die tierische Landschaftspflege zu gewährleisten.

An dem Tag, an dem die Herde abgeholt werden sollte, kam Anton mit einem großen Hänger, in den alle hinein sollten. Mir war schon eine ganze Weile aufgefallen, dass die Schafe, wenn Anton kam oder sie auch nur sein Auto sahen, ziemlich nervös reagierten und auch sichtlich angespannt waren.

Ich war dabei, als die Tiere mit dem Hänger abgeholt werden sollten. Wir hatten ihren Aufenthaltsbereich verkleinert, damit sie keine so große Fluchtspanne hatten. Ich weiß nicht mehr, warum ich es selbst versucht habe, aber meine Idee war gut. Ich ging mit der Herde gemeinsam in Richtung des Hängers und hatte ein paar Leckerlis bei mir. Als Anführerin der Herde ging ich zielgerichtet auf den Hänger zu und stieg ein. Ein paarmal musste ich die Schafe wieder heranlocken, aber irgendwann trauten sie sich. Zuerst kam ein Schaf zu mir in den Hänger und nach nicht einmal drei Minuten waren alle bei mir drin.

Bei dieser Situation konnte man gut erkennen, dass die Beschäftigung mit den Tieren nicht umsonst gewesen war, denn sie hatten Vertrauen zu mir aufgebaut. Sonst wären sie wohl kaum mit mir in den Hänger gegangen. Das war schön zu sehen und hat mich gefreut.

Als nächstes sollten alle vier Schafe einen Namen bekommen. Lamse und Susi waren ja schon klar, das wollten wir auch beibehalten. Es stellte sich nun die Frage, wie wir die beiden Lämmer von Susi nennen wollten. Schließlich haben wir entschieden, dass das hellbraune Aulamm Flocke und das dunkelbraune Brownie heißen sollte.

Anton nahm dann alle Schafe mit und brachte sie erstmal auf eine andere Weide. Wir bekamen von ihm den Auftrag, zusammen mit den beiden Nachbarsmädchen von Ellice einen Zaun aus Litzen aufzubauen, denn die bei uns vorhandenen Weidenetze brauchte Anton selbst für andere Wiesen.

Wir bekamen von ihm mehrere Litzenknäule, die vollkommen verknotet waren. Da wir wollten, dass die vier Mädels schnell wieder zu uns kommen konnten, hatten wir schon mit den Vorbereitungen dafür angefangen.

Wir hatten die Weidepfähle abgezählt und ungefähr alle drei Meter einen Pfahl in die Erde gesteckt. Das ging die ganze Wiese so weiter, aber dann kam die Arbeit mit den Litzenknäulen. Das war das Schlimmste am ganzen Aufbau. Es hat sehr lange gebraucht, bis wir alle, wirklich alle Knoten aufgelöst hatten. Mich haben diese Dinger fast in den Wahnsinn getrieben und manchmal war ich richtig sauer, dass die Litzen nicht schön aufgerollt, sondern derart lieblos zusammengeknüllt worden waren.

Nach der Schule haben wir drei Mädchen immer wieder an den Litzen weitergearbeitet. Als wir eine größere Menge an Metern entwirrt hatten, fing die Arbeit an, die Litzen sauber mit den Zaunpfählen zu verbinden. Wenn die entwirrten Meter aufgebraucht waren, ging es wieder von vorne los: Litzen entwirren, Litzen mit den anderen verbinden, Litzen spannen und an den Zaunpfählen befestigen usw. Wenn man alles zusammenrechnet, dann haben wir für den gesamten Zaunaufbau ungefähr 24 Stunden gebraucht. Aber wir haben ja an mehreren Tagen daran gearbeitet und nicht alles am Stück gemacht.

Ende November / Anfang Dezember vor zwei Jahren kamen dann unsere vier Schafe und noch vier weitere Tiere zu uns auf die Wiese. Der Litzenzaun funktionierte perfekt.

Irgendwann hatte dann Anton die zündende Idee, dass er uns einen Bock bringen wollte, damit unsere Auen Lämmer bekommen würden. Daran waren wir von Anfang an nicht interessiert, denn es hieß, dass die Lämmer dann geschlachtet werden sollten. Allerdings war Anton der Besitzer der Tiere – er konnte somit über sie bestimmen, ob es uns nun passte oder nicht.

Die Tragezeit bei Kamerunschafen liegt bei fünf Monaten. Die Tiere sind bereits im Alter von vier bis fünf Monaten geschlechtsreif und können mehrmals im Jahr trächtig werden.

Schließlich einigten wir uns uns mit Anton darauf, dass die entstehenden Lämmer nicht in der Kühltruhe landen würden, sondern verkauft – vielleicht würde Anton auch das ein oder andere behalten.

Ich selbst hatte einen Riesenrespekt vor Böcken und konnte sie nicht sonderlich leiden. Ich halte sie für ziemlich unberechenbar, teilweise auch angsteinflößend und hinterhältig. Deshalb wollte ich unsere Schafwiese nicht mit einem Bock teilen müssen.

In der Zwischenzeit lief es immer besser mit dem dunkelbraunen Aulamm von Susi, das wir Brownie genannt hatten. Es stellte sich heraus, dass wir mit Brownie, Flocke, Susi und Lamse eine gute Wahl getroffen hatten. Es machte Spaß, jeden Tag mit den Tieren zu verbringen, sie zu beobachten und von ihnen zu lernen. Es harmonierte von Tag zu Tag besser mit ihnen. Da wir nun nicht mehr die große Herde hatten, sondern nur eine kleine weibliche Schafgruppe aus acht Tieren, überlegten wir, wie wir es ihnen im Winter gemütlich machen könnten.

Ellice hat dann auf ihre Rechnung ein Zelt bestellt. Wir bauten es gemeinsam auf und es hielt auch eine ganze Weile gegen die Witterung.

Am Anfang waren die acht Mädels ziemlich misstrauisch und gingen nicht in das Zelt hinein. Im Winter ist das Gras ziemlich karg und es gibt auch nur wenig saftige Halme. Wir fütterten die kleine Gruppe mit Heu und Stroh zu, damit sie den Winter trotz wenig Gras gut überstehen würden. Irgendwann nahmen sie den Unterstand an, aber dann kam leider ein Unwetter und die ganze Behausung flog davon.

Zu meiner riesengroßen Freude kam bald ein Bock dazu. Böcke sind an den sichelförmigen Hörnern zu erkennen. Die Auen dagegen sind hornlos. Es kann aber auch hier Ausnahmen geben. Meistens findet man die männlichen Vertreter der Kameruner mit einer Mähne an Hals, Nacken und Brust. Diese Mähne besteht nicht immer. Sie kann auch abgeworfen werden, beispielsweise beim Fellwechsel.

Der Bock war nun da und wir mussten mit ihm zurechtkommen. Es war schwierig auf die Wiese zu gehen, ohne dass der Bock angerannt kam. Aus Sicherheitsgründen gingen Ellice und ich – manchmal auch die Nachbarskinder – nur gemeinsam auf die Weide. Wir hatten immer einen Besen dabei, mit dem wir ihn zumindest etwas von uns abhalten konnten, falls er uns angreifen würde.

Was mich ziemlich gestört hat, war der Gestank des Bocks, den ich jedes Mal in der Nase hatte, wenn ich auf die Wiese ging. Ich fand das ekelhaft.

Zwei der vier fremden Auen, die bei uns auf der Wiese standen, als auch der Bock da war, durften nach dem Aufenthalt bei uns in einem nahegelegenen Zoo ihr weiteres Leben verbringen.

Nach drei bis vier Wochen sollte der Bock wieder abgeholt werden, aber Anton ließ sich Zeit. Der Knackpunkt war nun, dass Silvester unmittelbar bevorstand. Wir hatten alle keine Ahnung, wie die Schafe auf Böller, die irgendwelche Menschen in die Luft schießen würden, reagieren würden. Wir wollten auf keinen Fall, dass die Tiere Panik bekamen und womöglich durchgingen.

Aus diesem Grund und weil Ellice über Silvester wegfuhr, einigten wir uns darauf, dass die Schafe über den Jahreswechsel zu Anton und seiner Herde kommen sollten. Wir wussten nicht, wann er sie bei uns abholen wollte, denn bei ihm ist meistens alles spontan, was für uns manchmal ziemlich doof war.

Am zweiten Weihnachtsfeiertag düste dann plötzlich ein Auto mit Hänger in den Hof meiner Nachbarin. Wie man sich denken kann, war das Anton. Er lud die Tiere in seinen Hänger und dann hieß es: Bis nächstes Jahr, Mädels!, denn unsere vier Schafe sollten auf jeden Fall wieder zu uns kommen. Dann war Silvester und das neue Jahr begann.

Eigentlich hätten wir unsere vier Schafe kurz nach Jahresbeginn wiederbekommen sollen. Aber da konnten wir lange warten. Antons andere Auen waren tragend, bekamen Anfang Januar Lämmer und Anton hatte alle Hände voll zu tun.

Praktisch an dem Ganzen war allerdings, dass sich der Unterstand für die Schafe in unserer Stadt befand. Somit konnten wir einfach mal zu ihnen gehen und nach dem Rechten sehen. Wir konnten unsere Tiere also regelmäßig besuchen und somit wurde auch die lange Zeit von einem Vierteljahr überbrückt.

Es dauerte bis Ende April, genauer gesagt bis zum 25. April vorletzten Jahres, bis wir unsere vier Kamerun-Schafdamen zurückbekamen. Als sie endlich wieder da waren, bekam ich einen Riesenschreck:

Wo war Brownie? Anton hatte uns ein schwarzes Schaf gebracht anstatt unserer Brownie! Erst war er selbst kurz verwirrt und wusste nicht, was ich meinte, denn er hatte zwei solcher Schafe wie Brownie, die sich von der Fellfarbe her sehr ähnlich waren.

Anhand eines Videos habe ich Brownie dann identifiziert und im Laufe des Nachmittags bekamen wir sie zurück. Sie kam zwar unter widrigen Umständen zurück, aber immerhin war auch sie endlich in ihrem zukünftigen Zuhause. Die schwarze Aue blieb auch erstmals bei uns.

Unsere Mädels hatten bereits einen ziemlichen Bauch bekommen. Anfangs hatte ich zu Ellice gesagt, dass Brownie, Lamse und Susi einen runden Bauch hätten, aber unsere Flocke war gertenschlank. Das hieß dann für uns, dass drei von unseren vier Damen ein Lamm oder vielleicht auch Lämmer bekommen würden, mit Ausnahme von Flocke.

Die Zeit verging und die Bäuche unserer Mädels wuchsen von Tag zu Tag. Zusätzlich wurden die Euter immer praller und dicker. Meistens bildet sich das Euter einer tragenden Aue vier Wochen vor der Ablammung[2]. Bei Anderen hingegen bildet sich das Euter erst wenige Tage vor dem Geburtsvorgang, der Vorgang verläuft also unterschiedlich. Das Bilden des Euters der Mutterschafe wird in der Fachsprache *aufeutern* genannt.

---

2 in der Fachsprache für Geburt

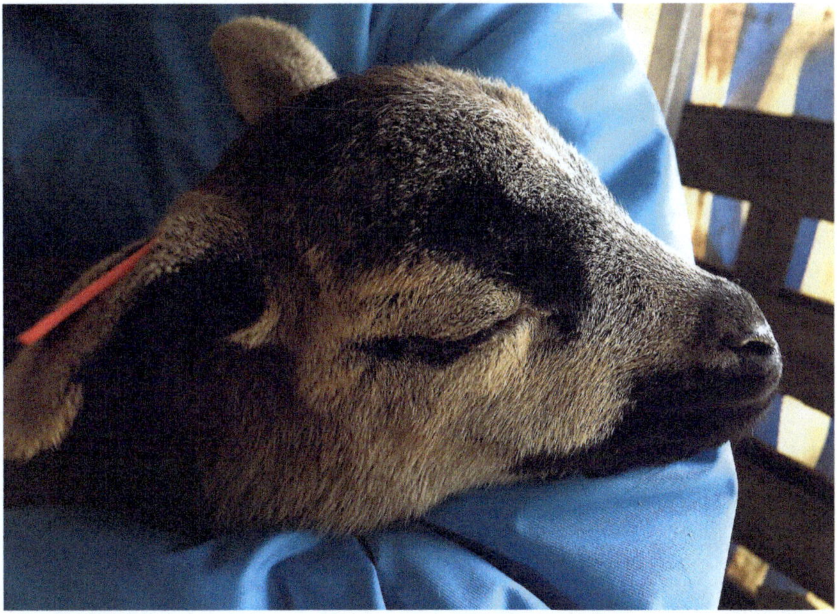

Die Ablammung ist meist problemlos und benötigt keine Hilfe von außen. Kommt es jedoch zu Komplikationen, ist ein Eingreifen notwendig und lebensrettend.

Brownie hatte sich allmählich zu einem richtigen Schmusetier und einer Wegbegleiterin für mich entwickelt. Egal, wo ich mich auf der Wiese befand, Brownie war immer bei mir und lief mit.

Es war superschön ein Tier zu betreuen und von ihm so viel zurückzubekommen. Alle unsere vier Mädels kamen immer zu uns gelaufen, doch Brownie war eindeutig am zugänglichsten.

Susi durfte man auch streicheln, Flocke und Lamse waren eher zurückhaltend und sehr vorsichtig. Durch Geduld und ohne Druck schafften wir es, dass beide nach einer gewissen Zeit aus der Hand fraßen, zwar ohne Streicheln, aber das war ja nicht schlimm. Es war ein Schritt in die richtige Richtung.

Bei Brownie und Susi konnte man besser sehen, wie sich ihr Körper in der Tragezeit veränderte. Hingegen war es bei Lamse ziemlich schwer, den Überblick zu behalten, da sie immer noch auf Abstand blieb.

Da unser Unterstand für die Schafe aus dem vorherigen Jahr kaputt war, stellten wir ein Provisorium auf. Das nahmen die Tiere schnell an und suchten dort auch Unterschlupf. Sie dösten, käuten wieder und schliefen jeden Tag unter ihrer neuen Behausung.

Schafe sind Wiederkäuer, das bedeutet, dass sie ihre Nahrung nochmals hochwürgen können, um diese dann ein zweites Mal zu zerkleinern.

Der Mai letzten Jahres war spannend, denn es konnte jeden Tag soweit sein.

Am 5. Mai erblickte unser erstes Lamm die Welt. Es wurde an einem regnerischen grauen Dienstagmorgen geboren. Brownie war die stolze Mama der wunderhübschen kleinen Dame. Das Aulamm von Brownie hatte genau die gleiche Fellfarbe und die gleichen Konturen wie seine Mutter.

Als ich an diesem Morgen aufstand und aus dem Fenster schaute, konnte ich sie direkt sehen und bin gleich rübergegangen. Brownie bekam von mir eine Schüssel mit extra Futter, da sie mit ihrem Lamm im Hintergrund blieb und auch nicht zu den anderen ging.

Brownie wusste, dass ich ihr und ihrem Lamm nichts tun würde, deshalb ließ sie mich ziemlich nahe heran und fraß dann aus der Schüssel, die ich ihr mitgebracht hatte. Sie musste jetzt ja nahrhafte Milch produzieren und deshalb sollte sie die Möglichkeit mit dem Extrafutter bekommen.

Wir wollten, dass die Kleine auch einen Namen bekam. Zufällig suchten wir einen aus, der auch mit B anfing. Das schokoladenfarbene Lamm bekam von uns den Namen Bella. Mama Brownie und ihre Tochter Bella waren nun also unser B-Team.

Bella war direkt sehr munter und auch flink. Weniger als zwei Stunden nach der Geburt lief sie schon tüchtig an Brownies Seite mit. Ab und zu legte sie zwischendrin

eine kleine Ruhephase ein, ansonsten hat sie spielerisch und gut gelaunt die Wiese erkundet.

Da wir die Größe eines Lamms nicht gewöhnt waren, mussten wir sehr darauf achten, dass wir nicht aus Versehen über Bella stolperten. Von Tag zu Tag erkundete sie mehr und machte auch immer mehr Quatsch, ganz wie ein kleines Kind.

Brownie war ziemlich vorsichtig und traute nicht gleich jeder Situation. Es hat ein paar Tage gedauert, bis Brownie sich zusammen mit Bella wieder zu den anderen gesellte. Anfangs ließ sich Brownie nur von mir anfassen, aber auch nur für einen kurzen Moment. Das wurde aber mit der Zeit wieder besser.

Am Tag von Bellas Geburt kam Anton gegen Abend vorbei und hat sie sich angesehen. Er schien etwas enttäuscht, dass Bella dunkelbraun war, denn seiner Meinung nach lassen sich solche Schafe schlechter verkaufen.

Uns war die Fellfarbe total egal, denn jedes Lebewesen ist einzigartig und so soll es auch sein! Nachdem Anton wieder weg war, kehrte endlich etwas Ruhe ein und der ereignisreiche Tag klang schön aus.

Das zusätzliche Schaf, das auch bei uns stand, boxte Bella immer wieder herum. Wir hatten das Schaf Punky genannt. Nachdem wir dieses Verhalten bei Punky mehrere Tage lang beobachtet hatten, wollten wir uns etwas überlegen, um Bella aus der für sie unangenehmen Situation herauszubekommen.

Wir wollten Punky absondern, aber alleine sollte sie laut Anton auch nicht sein. Also mussten wir eine Einfangaktion planen. Wir hatten uns überlegt, dass wir Flocke und Punky von den anderen durch einen Zaun trennen wollten. Die ganze Aktion stellte sich aber als viel schwieriger heraus, als wir gedacht hatten.

Zu dritt war es schwierig, die sechs Schafe ohne viel Stress sauber zu trennen. Es war uns beinahe gelungen, denn Punky hatten wir gefangen, aber Flocke hat uns ausgetrickst und ging auf die Seite von Brownie, Bella, Lamse und Susi.

Uns stellte sich jetzt das Problem, dass wir Flocke wieder zu Punky gesellen mussten, denn sie sollte ja nicht alleine stehen. Als wir Punky endlich einfingen, gab es einen großen Schreckmoment, denn sie hatte aufgehört zu atmen und hatte auch keinen Herzschlag mehr. Ein Glück, dass sich Ellice im Bereich der Medizin auskannte! Sie schaffte es, Punky wieder zurück ins Leben zu holen.

Wir hatten jedenfalls alle ein paar ordentliche Zittersekunden wegen Punky. Mit viel Geduld gelang es uns dann endlich, Flocke und Punky zusammenzubringen. Wir beobachteten die Situation eine Weile, stellten aber schnell fest, dass diese Lösung nicht lange gutgehen würde. Schlußendlich mussten wir Punky aus unserer Gruppe abholen lassen. Anton nahm Punky mit und stellte sie zu einer seiner anderen Herden.

Flocke durfte wieder zu den anderen Mädels. Ohne Punky kehrte wieder Ruhe ein und es gab nur ab und zu mal ein kleines Gerangel unter den vier Damen, das aber immer ohne Verletzungen ausging. Natürlich waren wir jeden Tag gespannt, wann wieder ein Lamm auf die Welt kommen würde.

Als ich am Morgen des 14. Mai aufstand, war das Wetter ziemlich trüb. Es hatte immer wieder geregnet, die Luftfeuchtigkeit war dementsprechend hoch und es war etwas nebelig. Schön war es jedenfalls nicht. Meine erste Bewegung ging an diesem Morgen in Richtung des Fensters.

Auf den ersten Blick sah alles ganz normal aus, aber beim genaueren Hinsehen sah ich Ellice unter dem Unterstand neben Susi sitzen. Ich machte das Fenster auf und rief kurz hinüber. Nach einem kurzen Austausch huschte ich schnell ins Bad und zog mich an. Wenige Minuten später war ich schon unten bei Ellice und dem neugeborenen Lamm. Wir bezeichneten unseren Unterstand auch als Kreißsaal, da dort unsere Lämmer die ersten Stunden ihres Lebens verbrachten.

Wenige Worte reichten um zu verstehen, wie ernst die Lage war. Susis Lamm war zu schwach zum Aufstehen

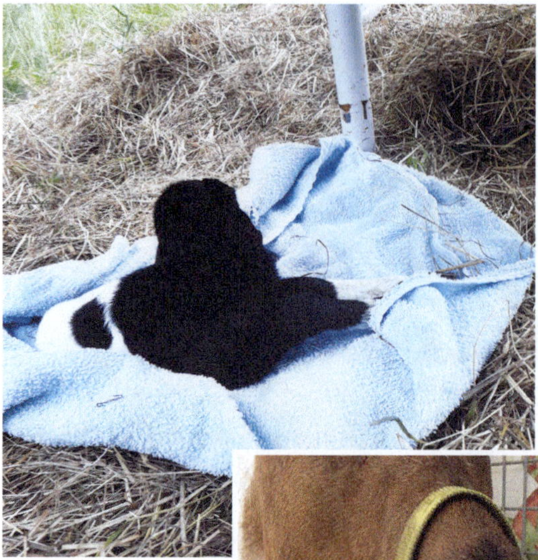

und bekam dadurch auch nicht die lebenswichtige Kolostralmilch. Diese sogenannte Biestmilch gibt dem Lamm alle wichtigen Immunglobuline und Vitamine, die es benötigt. Nach ungefähr acht Stunden sinkt der Effekt der Biestmilch um 50 Prozent. Das verdeutlicht, wie notwendig es ist, dass ein neugeborenes Lamm rasch an die Milchbar des Muttertiers geht, um die überlebenswichtige Kolostralmilch aufzunehmen.

Ellice hatte Susis Lamm bereits mit einem frischen hellblauen Handtuch etwas abgerubbelt, da es durch den Regen, gegebenenfalls auch noch von der Geburt, nass war. Wir stellten fest, dass das Tierchen eine Unterkühlung erlitten hatte, es brauchte dringend die Biestmilch! Es handelte sich um ein kleines Bocklamm mit einer ganz besonderen schwarzweißen Farbkombination.

Der Kleine versuchte immer wieder aufzustehen, dennoch ließen seine Kräfte immer mehr nach, auch das Andocken an das Muttertier funktionierte nicht. Andocken bedeutet, das Lamm gezielt an die Zitze des Muttertiers zu führen und es beim Trinken zu unterstützen.

Nach einer gefühlten Ewigkeit kam endlich Anton und schaute sich den Kleinen an. Ich war dann nicht mehr dabei, da ich wegen Corona Homeschooling hatte, d. h. eine Stunde Online-Unterricht bei mir zuhause. Das Lamm bekam von Anton zwei Spritzen verabreicht, außerdem die wichtige Biestmilch ebenfalls über eine Spritze direkt ins Mäulchen.

Ab diesem Moment stellte sich die Frage, wie es weitergehen sollte. Anton meinte, dass man der Natur ihren Lauf lassen sollte. Wir aber wollten den Kleinen auf keinen Fall, ohne es versucht zu haben, aufgeben. Im Gegenteil: Wir wollten ihm eine Chance geben und alles Mögliche tun, um ihn bei uns zu behalten. Wir mussten Susi nun jeden Tag abmelken, damit unser kleiner Patient jeweils seine Portion Muttermilch bekam.

Anfangs wurde vor allem ich von Anton belächelt. Wahrscheinlich dachte er insgeheim, dass ich das Ganze sicher nicht durchziehen würde und auch nicht hinbekäme. Anton selbst hätte diese Aufgabe allein aus Zeitgründen so oder so nicht übernehmen können – ein Flaschenlamm aufzuziehen erfordert sehr viel Zeit, Liebe und Geduld, damit aus einem kleinen schwachen Lebewesen ein großes starkes Tier wird. Anton stand unserem Vorhaben ausgesprochen skeptisch gegenüber, unterstützte uns aber trotzdem.

Sieben Tage die Woche, anfangs jede Stunde, später dann in längeren Abschnitten, haben wir den Kleinen mit der Milch seiner Mama gefüttert und uns intensiv um ihn gekümmert.

Jeden Morgen stand Ellice um fünf Uhr auf, um unserem

kleinen Sorgenkind die erste Milchration zu verabreichen. Ich folgte dann meistens um viertel vor sechs. Bei Wind und Wetter waren wir immer zur gleichen Zeit mit dem Milchfläschchen unten bei unserem Lämmchen. Für die zweite Fütterung mussten wir Susi melken, da sie über Nacht viel Milch produzierte. Wenn wir Susi nicht regelmäßig gemolken hätten, hätte sie wahrscheinlich eine schmerzhafte Euterentzündung bekommen.

Über den Tag verteilt mussten wir Susi ungefähr vier Mal melken. Die Milch bekam der Kleine dann per Flasche verabreicht. Die Fütterungsmenge musste je nach Alter und Entwicklung angepasst werden.

Ellice gab dem Kleinen gegen 22 Uhr 30 sein letztes Fläschchen für den Tag. Damit sie für die letzte Flasche noch genug Milch hatte, stellte sie immer ein Gläschen mit ungefähr 200 ml in den Kühlschrank.

Oft gab es nicht so schöne Momente und einige Male machte sich die Angst in uns breit, dass wir den Kleinen verlieren könnten. Gott sei Dank überstand er mit viel Glück auch die kritischen Phasen. Erst als wir einschätzen konnten, ob er eine Überlebenschance hatte, bekam er einen Namen. Wir nannten ihn Sammy. Somit hatten wir wieder ein neues Team, denn Sammy und Susi fangen beide mit S an.

Am 17. Mai erblickte dann unser letztes Lamm das Licht

der Welt. Ein kleines schwarzweißes Mädchen von Lamse. Sie bekam von uns den Namen Luna, der sehr gut zu ihr passte.

Luna und Bella verstanden sich so gut, dass sie unzertrennlich wurden und alles gemeinsam machten. Man hätte meinen können, dass sie Zwillinge waren, da sie eine so starke Bindung hatten. Die Beiden waren ein Beweis für eine unglaublich starke und unzertrennliche Freundschaft!

Jeden Tag kümmerten Ellice und ich uns um alle Schafe, am intensivsten aber um Sammy, da er ja auf uns angewiesen war. Es war schön, jeden Tag das Gefühl zu haben, etwas Sinnvolles und Hilfreiches getan zu haben. So verging die Zeit.

Ich weiß nicht mehr, wann und wie es anfing, aber Sammy bekam plötzlich immer wieder epileptische Anfälle, die körperlich eine große Anstrengung für ihn bedeuteten. Nach einem solchen Anfall war er total entkräftet und fertig. Meist schlief er danach vor lauter Müdigkeit ein.

Für uns war das auch kein schöner Anblick, dennoch versuchten wir ihm so gut es ging zu helfen, indem wir ihn festhielten und ihn beruhigten. Unsere Anwesenheit half ihm wahrscheinlich auch, denn er merkte, dass er nicht alleine war und dass wir ihm zur Seite standen.

Allen anderen Schafen ging es gut und sie tobten jeden Tag über die Wiese. Anfangs waren Susi und Sammy allein in einem gesonderten Gehege, damit die Bindung zwischen ihnen stärker wurde. Als Sammy kräftig genug war und auch von sich aus etwas herumsprang, wagten wir einen Versuch.

Wir ließen Susi mit Sammy zu Brownie, Bella, Flocke, Lamse und Luna auf die große Wiese. Zuerst waren die Mädels ziemlich skeptisch, da sie Sammy eigentlich nicht richtig kannten. Susi hingegen wurde schnell wieder integriert. Sammy musste sich den Respekt von den anderen erst einmal verdienen.

Nachdem ein paar Minuten vergangen waren, wurde es schon besser und die Clique war nicht mehr so skeptisch gegenüber Sammy. Selbst Bella und Luna trauten sich näher zu ihm hin.

Am 14. Juni, als Sammy genau einen Monat alt war, mussten unsere Mädels in den Hänger von Anton steigen, da sie für eine Blutprobe am nächsten Tag direkt beim ihm stehen sollten. Der Grund für die Blutprobe war das tödliche Maedi-Visna-Virus, das man sonst nicht

diagnostizieren kann. Das Virus ruft chronische Infektionen der Lunge und des Zentralnervensystems hervor, kann auch mit schmerzhaften Euterentzündungen einhergehen.

Um als unverdächtiger Bestand anerkannt zu werden, muss man seine Schafe anfangs vier Mal in zwei Jahren auf das Maedi-Visna-Virus testen. Ist dann alles in Ordnung, muss man seine Schafe einmal jährlich darauf testen lassen, damit man den erworbenen Status behalten kann.

Bella und Luna sollten auch mit, da Lamse und Brownie ebenfalls zur Blutprobe mussten. Susi wurde dort auch erwartet, jedoch ohne Sammy. Wir hatten lange darüber nachgedacht, wie wir dieses Problem lösen könnten, denn Susi war immer noch Sammys Fels in der Brandung. Ohne sie würde er ganz alleine sein.

Unser Plan war vielleicht ein bisschen verrückt, aber wahrscheinlich war es die einzige Möglichkeit. Nachmittags verbrachten wir abwechselnd Zeit mit ihm. Gegen Abend, als es dann auch wieder ein Fläschchen geben sollte, haben wir Sammy mit zu mir genommen. Meine Tante hatte sich bereit erklärt, dass Sammy bei ihr auf dem Balkon schlafen durfte. Bevor Sammy aber sein Nachtquartier beziehen konnte, mussten wir erst einmal seinen Schlafplatz mit Stroh herrichten. Als der dann fertig war, holten wir den Kleinen zu uns und er bekam sein Fläschchen.

Die Nacht kam meiner Tante und vor allem mir dann endlos vor. Sammy schlief nur ein, wenn einer von uns beiden bei ihm war. Wenn man versuchte sich zu entfernen, wurde er wach und kam nicht mehr zur Ruhe.

Meine Tante und ich wechselten uns ab, dennoch konnte keiner von uns richtig schlafen. Wir hatten Sammys Bett in meinem alten Laufstall gerichtet und es war ziemlich unangenehm dort lange zu sitzen.

Kurz nach Mitternacht entschied ich mich dafür, gemeinsam mit Sammy die Nacht zu verbringen. Meine Tante gab mir eine Picknickdecke, in die ich mich hineinkuschelte. Und Sammy legte sich direkt neben mich in meinen Arm. Dieses Gefühl war unbeschreiblich schön und ich werde es nie vergessen.

Am nächsten Tag fuhren Ellice und ich mit Sammy zum Tierarzt. Wir hatten schon länger den Verdacht, dass mit dem Kleinen etwas nicht stimmte und wollten das abklären lassen. Wir hatten auf der Wiese ein Drittel mit Elektrozaun abgetrennt, damit auf der restlichen Fläche das Gras nachwachsen konnte. Sammy war bereits mehrfach trotz leichter Stromschläge durch die Litzen gelaufen, er hatte sich auch einmal ziemlich schlimm darin verheddert. Wenn er außerhalb des Geheges stand, holten wir ihn zurück, das schaffte er nicht selbst. Ellice klatschte mehrmals hinter seinem Kopf in die Hände, auch über seinem Rücken, er zeigte keine Reaktion. Normalerweise erschrickt ein Tier bei dem Geräusch und läuft oder springt weg, Sammy zuckte noch nicht einmal mit den Ohren. Der Tierarzt machte mehrere Tests und stellte die traurige Diagnose, dass Sammy offenbar blind und taub war.

Es vergingen weitere vier Tage. Der 19. Juni veränderte dann alles. Es war Fütterungszeit gegen 9 Uhr. Die Abstände zwischen den Mahlzeiten hatten sich inzwischen vergrößert, da Sammy alles immer besser vertrug und auch gewachsen war.

Ich hatte Sammy während der Fütterung auf dem Arm, als ich merkte, wie er anfing zu krampfen. In diesem Moment gab ich ihn direkt an Ellice weiter, denn ich wusste, dass sie ihm helfen konnte.

Und dann kam der epileptische Anfall, so stark hatten wir ihn noch nie erlebt. Ellice tat das einzig richtige, indem sie ihn auf den Boden legte und ihn festhielt. Der Anfall war so heftig, dass Sammy danach total erschöpft war und erst einmal schlafen musste.

Ellice musste eigentlich noch mit ihrem Hund spazieren gehen. Sie wollte aber lieber bei Sammy bleiben, um eingreifen zu können, falls es ihm wieder schlechter ging. Deshalb ging dann ich mit ihrem Hund raus.

Als ich zurückkam, hatte ich ein schlechtes Gefühl, das sich auch bestätigte. Ellice teilte mir mit, dass sie mit Anton gesprochen hatte – er hatte sich entschieden, Sammy einschläfern zu lassen. Diese Nachricht war für mich einfach schrecklich und in mir brach eine ganze Welt zusammen.

Ellice, meine Tante, eines der Nachbarsmädchen und ich verbrachten noch den ganzen Nachmittag mit Sammy. Die meiste Zeit war meine Tante bei ihm. Um 17 Uhr kam Anton. Mein Wunsch war es mitkommen zu dürfen, um Sammy bei diesem letzten traurigen Moment beistehen zu können.

Alle meinten, dass ich das nicht machen müsste und ich sollte mir das nochmals genau überlegen. Ich hatte mich aber schon längst entschieden und wollte meinen kleinen Schatz in dieser Situation nicht alleine lassen. Ich wollte auch diesen letzten Schritt mit ihm gehen.

Als sich alle unter Tränen von Sammy verabschiedet hatten, wurde ich mehrmals gefragt, ob ich ihn während der Fahrt auf den Schoß nehmen wollte. Ich verneinte, aber heute würde ich es anders machen.

Wir hüllten Sammy behutsam in eine grauweiße Decke mit Pfotenabdruckmuster und legten ihn in eine schwarze Wanne. Ich saß auf dem Beifahrersitz. Sammy lag in seiner Wanne links hinten, auf dem Sitz hinter Anton.

Wir fuhren dann gemeinsam mit unserem Sorgenkind zu einem nahegelegenen Tierarzt.

Sammy hat während der Fahrt geschlafen. Kurz nachdem wir angekommen waren, kamen zwei Tierärztinnen zu uns ans Auto. Die Zeit war gekommen, endgültig Abschied von diesem besonderen Lebewesen zu nehmen.

Die Ärztinnen nahmen Sammy aus der Wanne, drehten diese um und breiteten das Tuch obendrauf aus. Auf die Mitte des Tuchs legten sie Sammy.

Dann legten sie eine Vene frei und nach etwa zwei Sekunden und einem Viertel der Spritze des Narkotikums schlief Sammy ein. Sein Herzschlag erlosch und sein viel zu kurzes, aber hoffentlich trotzdem ein wenig schönes Leben war beendet.

Für mich war dieser Moment schrecklich, da ich Sammy so liebhatte und ihn nur schweren Herzens gehen lassen konnte. Wahrscheinlich war es das Beste für ihn, aber es fiel mir verdammt schwer loszulassen.

Anton und ich machten uns mit dem friedlich eingeschlafenen Sammy auf den Weg nach Hause. Er fragte mich, ob alles in Ordnung sei. Ich biss mir auf die Lippen, versuchte den Kloß in meinem Hals zu schlucken und antwortete mit einem kurzen ›Ja‹. In Wahrheit war ich in diesem Moment vollkommen aufgelöst, völlig durcheinander und es war gar nichts mehr in Ordnung. Ich unterdrückte meine Tränen und versuchte mich zumindest während der Autofahrt zusammenzureißen. Wir fuhren zurück in den Hof von Ellice. Sie kam direkt aus der Tür und nahm mich ganz fest in den Arm. In diesem Moment konnte ich nicht mehr und mir rollten die warmen salzigen Tränen über die Wangen.

Noch ein letztes Mal verabschiedete ich mich von Sammy. Es war meine letzte Chance ihn noch einmal zu sehen. Ich ging dann mit Ellice in ihr Haus und durfte mich auf ihr Sofa legen, um über das furchtbare Geschehen der letzten Stunden nachzudenken.

An diesem Abend tauchten am Himmel ganz viele rosa Wolken auf. Für mich waren und sind diese rosa Wolken ein Zeichen, dass Sammy oben im Himmel auf uns herabschaut und über uns wacht.

Dieser schreckliche Tag veränderte einfach alles und nichts konnte mich so richtig trösten, nicht einmal Brownie. Trotz dieses großen Rückschlags musste das Leben aber irgendwie weitergehen, ich konnte den Kopf nicht einfach in den Sand stecken.

Die ersten Tage war es sehr schwer alles zu realisieren und zu verstehen, dass das wirklich passiert war. Trotzdem kümmerte ich mich weiterhin jeden Tag um unsere anderen Schafe, denn sie durften keinesfalls zu kurz kommen.

Jeden Abend, bevor es dunkel wurde und wir wie immer zur gleichen Zeit zu unseren Mädels gingen, drehten sie noch einmal auf und powerten sich aus.

Es war witzig, dass immer Bella und Luna anfingen zu spielen, Flocke machte als nächste mit. Nach und nach gesellten sich dann Brownie, Lamse und auch Susi hinzu. Die Herumtollerei hielt meistens fünf bis zehn Minuten an.

Brownie und ich waren mittlerweile zu einem festen Team zusammengewachsen. Eines Tages wollte ich den

Mädels ein wenig Beschäftigung geben und baute kleine Hindernisse auf. Wir konnten schnell feststellen, dass es Brownie am meisten Spaß machte und sie immer vollen Einsatz zeigte.

Wenn es eine neue Aufgabe gab, schaute Brownie mir genau zu und ging immer gemeinsam mit mir durch den Lösungsansatz. Beispielsweise stellte ich Stangen auf, über die die Tiere leichtfüßig drübergehen sollten.

Ich versuchte auch durch Targettraining, den Schafen die Wörter ›bleib‹ und ›komm‹ beizubringen. Es ist anfangs immer schwer, einem Tier zu zeigen, was man von ihm möchte, was richtig und was falsch ist. Aber wenn es dann klappt, macht es allen Beteiligten großen Spaß.

Lustigerweise war Flocke sehr an der Übung mit dem Target interessiert. Und schnell fanden Brownie und Flocke heraus, dass sie, wenn sie auf Kommando mit der Nase gegen das Target stupsten, ein Leckerli von mir bekamen.

Susi fand daran dann auch ein bisschen Interesse und machte je nach Laune mit – oder sie schaute neugierig

zu. Bei den Übungen mit Hindernis kam Flocke auch ab und zu an, da sie aber immer sehr vorsichtig war, beobachtete sie alles ganz genau, bevor sie eher zögerlich einen Fuß darüber setzte. Hin und wieder funktionierte es und ich lobte sie mit einem Leckerli.

Das Grundstück auf der linken Seite von Ellice war wie bereits gesagt unbewohnt. Und irgendwie schaffte Anton es, dass unsere Mädels auch auf dieses Grundstück durften. Am Anfang verstanden sie nicht, was wir von ihnen wollten und gingen demonstrativ nicht hinüber auf die andere Wiese.

Es war mittlerweile fast Juli und Ellice wollte zu ihrem Ferienhaus fahren, das ungefähr elf Stunden von uns entfernt ist. Es stellte sich die Frage, wer sich in ihrer Abwesenheit um die Schafe kümmern würde.

Die Nachbarsmädchen waren nur noch wenig interessiert. Mir war wichtig, dass alles gut lief und man keine Fehler macht, wenn man sich um die Tiere kümmert. Deshalb bot ich direkt an, dass ich diese Aufgabe übernehmen wollte. Meine Eltern waren anfangs nicht sehr begeistert, waren letztlich aber doch einverstanden.

Mir ist es lieber, etwas selbst zu erledigen als das ungute Gefühl zu haben, immer nochmal nachschauen zu müssen, ob alles passt, wenn jemand anderes es gemacht hat.

Sicherheitshalber baten meine Eltern, Ellice und ich Anton, einmal die Woche vorbeizukommen und nach den Tieren zu schauen. Er stimmte zu, aber in den drei Wochen, in denen Ellice nicht da war und ich mich um die Schafe kümmerte, kam er genau einmal vorbei. Das war zwei Tage, nachdem Ellice in Urlaub gefahren war.

An diesem Tag wollte Anton, dass die Mädels auf das leerstehende Grundstück gingen. Ich wollte vermeiden, dass die Schafe panisch reagierten, denn Anton geht nicht so sensibel wie wir mit ihnen um.

Ich wollte es erstmal auf die sanfte Variante probieren, doch es klappte nicht ganz. Brownie kam immer wieder zu mir auf meine Seite, da sie mir vertraute. Die anderen setzten aber jeweils nur die Vorderfüße oder gar keinen Fuß auf die neue Weide.

Anton hatte wie meistens wenig Zeit und machte Druck, was die Tiere natürlich spürten – und somit lief gar nichts mehr. Irgendwann ging Anton missmutig und sagte zu mir, dass er die Tiere am nächsten Tag auf seine Art rüberbringen würde, wenn ich es nicht schaffte.

Kaum war er weg, beruhigte sich die Lage, denn die Tiere spürten keinen Druck mehr. Plötzlich gaben sie sich einen Ruck und folgten mir alle wie selbstverständlich auf das andere Grundstück. Alles ohne Zwang, nur mit Ruhe, Feingefühl und ein paar Leckerbissen. Das war's dann auch und ich kümmerte mich drei Wochen alleine um unsere Mädels.

Ab und zu kamen auch die Nachbarsmädchen vorbei, aber hauptsächlich waren die Tiere meine Aufgabe, die ich auch überaus ernst nahm.

In den drei Wochen übte ich weiterhin fleißig mit Brownie und den anderen, um mit ihnen die bereits bekannten Tricks zu wiederholen. Damit es den Mädels nicht so schnell langweilig wurde, baute ich ab und zu ein paar neue Dinge ein. Die Neugier ließ nicht lange auf sich warten, die Schafe waren immer wach und interessiert. Nach drei Wochen kam Ellice aus dem Urlaub zurück und es war schön, wieder mit jemanden reden zu können, wenn ich nach den Tieren schaute.

Die Zeit verging und die Sommerferien begannen. Eigentlich wollten meine Eltern und ich zusammen verreisen, das war wegen der Corona-Pandemie aber leider nicht möglich.

Deshalb wollten wir nur ein paar Tage zu Bekannten von uns fahren, die ein Hotel besitzen. In den fünf Tagen, die wir dort waren, holte Anton einfach alle unsere Mädels ab, ohne vorher etwas zu sagen.

Es war seltsam, nicht zu wissen, wie es nun weitergehen würde. Das alles habe ich nur mitbekommen, weil Anton mehrere Videos geschickt hat nach dem Motto: Schaut her, hier geht es ihnen genauso gut wie bei euch.

Offenbar war das alles mit Ellice ausgemacht gewesen, dennoch war sie selbst auch erst einmal überrascht von seinem kurzfristigen Handeln. Und nun waren unsere sechs Kamerun-Schafdamen auf unbestimmte Zeit weg.

Auf Anfrage bekam ich von Anton immerhin mal ein Foto oder ein Video von Brownie geschickt oder er postete etwas.

Anton teilte unsere sechs Mädels auf und trennte sie voneinander, denn er stellte neue Zuchtgruppen zusammen, zu denen er dann jeweils einen Bock gesellte.

Susi war gemeinsam mit Flocke in einer Gruppe, die aus fünf bis sechs Auen und einem Bock bestand. Lamse war wieder woanders zugeordnet mit auch jeweils ein paar anderen Auen und einem Bock.

Anton hatte Luna von Lamse getrennt, obwohl die Kleine eigentlich noch Milch hätte trinken müssen. Er hatte Luna einfach Brownie untergejubelt, sodass Brownie ab sofort auch noch für Luna Milch produzieren musste. Hätte Brownie Luna keine Milch trinken lassen, wäre das ein großes Problem geworden und hätte schlimm enden können. Luna hatte aber ein Quäntchen Glück auf ihrer Seite …

Das alles fanden wir aber nur heraus, weil Ellice und ich Brownie besuchen wollten. Wir hatten keine Ahnung, was sich in der Zwischenzeit alles getan hatte. Eigentlich wollten wir nur nach den Schafen schauen, aber unser Besuch bei ihnen entwickelte sich zu einem aktiven Einwirken.

Wir erlebten eine Überraschung, als wir bei der angegebenen Aufenthaltsstelle ankamen. Die Wiese, auf der sie sich befand, lag an einem Acker. Es war schwierig, die Wiese überhaupt zu finden und Anton hatte recht überheblich gemeint, dass Ellice und ich das nie schaffen würden. Anton hatte uns aber mal wieder total unterschätzt, denn wir fanden sie!

Zu unserer Überraschung hielten sich die Kamerunschafe nicht innerhalb, sondern außerhalb der Einzäunung auf. Die meisten von ihnen lagen direkt auf dem Weg und vor dem eingezäunten Stück. Da wir einige Tiere kannten und deren Charakter einschätzen konnten, wussten wir, dass es fatal wäre, direkt aus dem Auto zu steigen, denn vor uns lagen mehrere hundert Meter Wiese und Acker. Wir wollten die Schafe schließlich nicht in die Flucht schlagen. Also stellten wir das Auto ab, machten den Motor aus und ließen die Fensterscheiben herunter, damit die Tiere sich an unsere Stimmen gewöhnen konnten.

Ich entdeckte, dass sich ein schwarzes Schaf mit dem Kopf und einem Vorderfuß im Elektrozaun verfangen hatte. Wir hatten auch bereits gesehen, dass der Zaun aus seiner Verankerung gerissen war.

Ellice versuchte Anton zu erreichen, während wir im Auto blieben und die Tiere beobachteten. Wir wussten, dass er bei der Arbeit war, aber sie probierte es trotzdem, mit Erfolg. Anton bat uns darum, zu versuchen, die Schafe wieder auf die Wiese zu bringen und in ihrer Umzäunung zu sichern.

Nachdem etwas Zeit vergangen war und die Mädels nach wie vor neben uns auf dem Weg lagen, stiegen Ellice und ich aus dem Auto. Natürlich wurden wir von den Tieren bei allem genauestens beobachtet.

Brownie, Bella und Luna gehörten auch zu der Gruppe. Als Brownie uns entdeckte, kam sie mit ein bisschen Überzeugungsarbeit und unterstützt von ein paar Leckerchen zu uns.

Das schwarze Schaf, das im Weidezaun hing, wirkte ziemlich panisch. Wir wollten trotzdem versuchen es wieder freizubekommen. Die schwarze Aue kannten wir, es war Punky! Nach ein, zwei Versuchen sie zu befreien hatten wir es geschafft. Aber wir mussten uns langsam bewegen, damit die scheueren Tiere nicht erschraken und wegrannten.

Mit Apfel-, Brot- und Karottenstückchen gelang es uns, die ganze Herde auf die vorgesehene Wiese zurückzulocken. Glücklicherweise hatten wir zwei Liter Wasser dabei, die wir in die vorhandene leere Trinkwanne schütteten, denn es war an diesem Tag ziemlich warm. Alle Tiere gingen direkt dorthin und tranken aus der Wanne.

Ellice und ich verbrachten noch eine ganze Weile mit der Herde, langsam wurden die Schafe auch wieder ruhiger. Nach unserer überraschenden Rettungsaktion fuhren wir dann zufrieden und mit einem gutem Gefühl nach Hause.

Langsam, aber sicher rückte der September näher. Das war ein spannender Monat für uns, da dann bei uns in der Nähe eine Kamerunschaf-Schau stattfinden sollte. Anton hatte sich eine Überraschung ausgedacht und wollte uns mit unseren Auen anmelden. Das hatte er uns schon im Juli verraten. Wir wollten aber nicht, dass wir mit unseren Namen als Züchter aufgeführt wurden, deshalb regelten wir es dann doch anders.

Ich hatte fleißig daran gearbeitet, dass Brownie und die Mädels ein gepflegtes Fell hatten. Sie bekamen auch immer ein paar Extra-Leckerli, damit sie voll Vertrauen an der Ausstellung teilnehmen konnten. Es gibt immer Größere, Bessere, Schönere – aber wir wollten mit unseren Tieren möglichst gut abschneiden.

Anton teilte uns mit, dass er von unseren Mädels nur Flocke, Susi und Lamse ausstellen würde, da sie die Einzigen seien, die punkten könnten. Ich wollte unbedingt zu der Kamerunschaf-Schau gehen, da sie mich sehr interessierte. Anton richtete die Ausstellung aus und war dementsprechend beschäftigt, damit alles an Ort und Stelle passte. Er selbst stellte auch einige seiner Auen und Böcke aus.

Anfang September – das war noch vor der Schau – klappte es endlich, dass Ellice und ich Anton zu all seinen Tieren auf den unterschiedlichen Wiesen begleiten durften. Somit konnten wir uns selbst ein Bild davon machen, was bei den Schafen zu machen war.

Wir waren neugierig, denn Anton sagte ja öfter, dass er keine Zeit hätte, weil er sich um die Tiere kümmern müsse. Ellice und ich wollten aber auch sehen, wie es den Tieren ging, die wir noch kannten.

Natürlich ist das alles viel Arbeit und man sollte sich im Vorhinein die Frage stellen, ob man den Bedürfnissen eines Tieres gerecht werden kann. Dabei ist es unwichtig, für welches Tier man sich entscheidet, Priorität sollte aber immer das Wohl des jeweiligen Lebewesens haben. Bei Anton hat alles mit wenigen Tieren angefangen und nun züchtet er schon mehrere Jahre Kamerunschafe.

Unsere Mädels waren in einzelnen Gruppen verteilt, dennoch haben wir sie alle gesehen. Nach viel Lauferei an einem warmen Tag kamen Ellice und ich ziemlich platt wieder nach Hause. Im Großen und Ganzen war es ein richtig schöner Ausflug.

Antons Plan war ursprünglich, dass die Kamerunschaf-Schau mit Ellice, den beiden Nachbarsmädchen und mir ablaufen sollte, doch wie bereits erwähnt hatten die beiden Mädchen kein Interesse mehr. Leider sagte auch Ellice wenige Tage vor der Schau ab, da sie dringend verreisen musste.

Am Ende war dann eigentlich nur noch ich übrig und es stand auf der Kippe, ob ich die Ausstellung besuchen konnte. Zu meiner großen Freude erlaubten mir meine

Eltern aber hinzugehen. Sie brachten mich morgens zur Schau und ein toller Tag begann. Anton freute sich als Veranstalter, dass ich trotz aller widrigen Umstände kam.

Erstaunlicherweise waren von unseren Damen dann doch nur Flocke und Susi ausgestellt. Die Tiere, die Anton gehörten, aber nicht gezeigt wurden und somit auch nicht an der Bewertung teilnahmen, befanden sich ebenfalls auf dem großen Areal. Sie waren in einem gesonderten Bereich etwas weiter hinten. Dort befanden sich Brownie, Bella, Lamse und auch Luna.

Für mich war es sehr spannend, Kamerunschafe aus den verschiedensten Betrieben zu sehen und mitzubekommen, wie deren Bewertung ausfiel. Nachdem die einzelnen Tiere von zwei Richtern begutachtet worden waren, gab es Preisverleihungen in den verschiedenen Kategorien wie etwa ›Altböcke‹ oder ›Muttertiere‹. Weder Flocke noch Susi erhielten eine Auszeichnung, jedoch gab es eine zufriedenstellende Bewertung. Es folgte die Versteigerung der Tiere, die im Auktionskatalog angekündigt waren. Einige der Tiere wechselten den Besitzer, doch der Großteil verblieb bei den vorherigen.

Nachmittags gab es dann zwei sehr spannende Fachvorträge: einen über den korrekten Aufbau eines Elektrozauns und einen von einer Tierärztin über das Thema

Pansenazidose. Eine Pansenazidose ist eine akute bis chronische Übersäuerung des Pansens, bei der die Mikroorganismen absterben und es zu starken Nebenwirkungen kommen kann, die bis zum Tod des Tieres führen können.

Nach den Vorträgen ging ich wieder zu den Mädels, die abgesondert auf dem Gelände standen. Über den Tag hinweg wurde ich immer wieder gefragt, ob das meine Schafe seien. Ich lächelte dann und schüttelte den Kopf.

Um die Mittagszeit kamen drei Leute vorbei, vermutlich eine Familie oder gute Bekannte. Sie waren sehr angetan von Luna und Lamse. Aber eigentlich war kein Schaf in diesem Gehege verkäuflich.

Die Leute baten mich, den Besitzer von Lamse und Luna zu fragen, ob er sie verkaufen würde. Als ich Anton mitteilte, dass jemand Interesse an den Beiden hatte, sagte er, dass er sie nicht abgeben wolle.

Natürlich gab es ab und an Menschen, die interessiert waren, vor allem waren mehrere Leute von Brownie begeistert, da sie sich zusammen mit mir natürlich von ihrer besten Seite zeigte. Nach einer Weile kam Anton vorbei und erzählte, dass ihn jemand gefragt habe, ob die zwei dunkelbraunen Auen zu verkaufen seien. Damit waren Brownie und Bella gemeint.

Anton sagte, dass ich mir das Angebot überlegen solle und er mir die Entscheidung überließe. Er meinte auch, dass ich einen Vertrag mit den potenziellen Käufern abschließen könnte, in dem vereinbart werden würde, dass die zwei Auen nicht geschlachtet werden dürften. Ich musste aber nicht lange überlegen, da ich Brownie ganz bestimmt nicht abgeben wollte.

Anton akzeptierte meine Entscheidung und hakte auch nicht mehr nach. Gegen Abend kam er dann zu mir ans Gehege, in dem ich bei den Mädels saß. In einer Hand hatte er einen Schäferhaken. Ein Schäferhaken wird benutzt, um einem Tier ein Hinterbein wegzuziehen und diesem somit die Fluchtmöglichkeit nehmen. Damit kann man ein Schaf leichter einfangen.

Kurz darauf erschienen erneut die drei Personen, die vorher am Gehege gewesen war und nach dem Kauf von Luna und Lamse gefragt hatten. Sie hatten Lamse gekauft und Anton wollte sie nun einfangen. Ich war ziemlich verblüfft und musste mich erst an den Gedanken gewöhnen, dass Lamse nicht mehr da sein würde.

Bei dieser Ausstellung habe ich viele tolle Menschen kennenlernen dürfen, das hat mir unheimlich Spaß gemacht. Außerdem habe ich viel gelernt. Leider endete dieser wunderschöne Tag viel zu schnell.

Irgendwann kam das Thema auf, dass es mit Brownie so nicht weitergehen könne, da sie bei allem eine Ausnahme darstellte. Und das passte Anton nicht. Schon vor der Ausstellung hatte er das Thema mehrfach angesprochen.

Ellice und ich zerbrachen uns den Kopf über eine sinnvolle Lösung des Problems. Wir wollten auf gar keinen Fall, dass Brownie an einem Haken in der Tiefkühlkammer endete, da sie uns einfach zu wichtig war. Und dann kam uns eine Idee.

Wir überlegten, ob man Brownie nicht irgendwo unterbringen könnte, wo ältere Herrschaften oder Menschen mit Behinderung leben. Beispielsweise in einem Heim, in dem es auch Tiere gibt und die Leute Freude an ihnen haben, da Brownie einfach zum Knuddeln und Liebhaben ist.

Anton kannte aber keine solche Einrichtung, die auch Tiere bei sich aufnahm und wir fanden auf die Schnelle natürlich nichts. Antons Gegenvorschlag war, dass wir Brownie zu einem Bauern geben könnten, der Schafe von ihm hatte, die dort dauerhaft leben. Der Vorteil war, dass der Bauernhof bei uns in der Nähe liegt.

Anton schlug vor, mit dem Bauern zu regeln, dass ich Brownie regelmäßig besuchen könne, wenn ich das wollte. Und wieder einmal musste ich mir anhören, dass Brownie eine der Ersten wäre, die er weggeben würde, er könne das aber angeblich wegen mir nicht machen ...

Wir gingen erst einmal nicht auf Antons Vorschlag ein, denn wir wollten erst in Ruhe darüber nachdenken.

Wenige Tage nach der Ausstellung bekam ich eine Nachricht von Anton zusammen mit einem Foto, auf dem man einen geöffneten und völlig verdrehten Weidezaun sehen konnte. Das sollte mir vermitteln, dass es mit Brownie, Bella und Luna so nicht weitergehen konnte, da die Drei immer wieder alles durcheinanderbrachten und ihn ziemlich aufregten.

Unsere ursprüngliche Vereinbarung war, dass unsere Lämmer nicht geschlachtet werden durften. Anton wollte Luna eigentlich behalten, da sie eines seiner ersten schwarzweiß gezüchteten Aulämmer war. Auf die Schnelle wusste ich nicht, was ich ihm auf seine Nachricht hin antworten sollte und überlegte fieberhaft, was wir tun könnten.

Bis Ende November ließ Anton seine Schafe in kleineren Gruppen noch draußen auf verschiedenen Wiesen. In den Monaten September und November besuchten Ellice und ich unsere Mädels mehrere Male. Sie freuten sich jedes Mal aufs Neue, wenn wir vorbeikamen und ein bisschen Zeit mit ihnen verbrachten.

Langsam neigte sich der Herbst mit seinen Nebelschwaden, dem kühlen Wetter und dem Morgentau dem Ende zu. Der raue Winter begann mit seinen kalten Temperaturen, den immer weniger werdenden Sonnenstrahlen und den gefrorenen Böden.

Das war das Zeichen, dass die Schafe in ihr Winterquartier mussten. Der Dezember schien nicht zu vergehen, die Tage zogen sich wie in Zeitlupe. Am 24.12. schrieb Anton mich überraschend an und fragte, wie alt Luna eigentlich sei.

Wenn eine solche Frage von ihm kommt, kann man schlecht einschätzen, was er eigentlich will. Bevor ich irgendetwas zurückschrieb, fragte ich lieber, warum er das wissen wollte. Die Antwort lautete, dass er Luna zu Heiligabend verschenkt hatte und zwar an ein Ehepaar, das selbst eine kleine Herde verschiedener Schafe hielt. Die Leute hatten ihre Tiere gegenüber von seinem Stall stehen und er konnte sie rein theoretisch jeden Tag sehen.

Damit war Luna raus aus seinem Betrieb. Luna war leider nicht so groß wie andere Lämmer in ihrem Alter und deshalb hatte Anton sie aussortiert, obwohl er sie ursprünglich für seine Zucht nutzen wollte.

In ihrem neuen Zuhause hat Luna einen Lebensplatz gefunden. Aber Luna und Bella hatten sich damit als Freundinnen verloren.

Es war immer wieder seltsam fremd, unsere Wiese ohne Schafe zu sehen und sich jedes Mal Gedanken darüber zu machen, wie es den Mädels wohl ergehen mochte.

Natürlich konnten wir Anton nach ihnen fragen oder sie besuchen gehen, trotzdem war es schöner, als sie noch bei uns waren. Es ist schade, dass diese Zeit vorbei ist.

Das Jahr neigte sich endgültig dem Ende zu und Brownie war noch immer nicht da, wo wir sie eigentlich hinbringen wollten. Ich hatte mich auf Antons Vorschlag mit dem Bauernhof eingelassen und weiß nicht, wie oft ich danach an eine Wand geredet habe – immer in der Hoffnung, dass es endlich klappt. Nach ungefähr vier Monaten, in denen ich bei Anton immer wieder mein Glück probiert hatte, war ich ziemlich unzufrieden.

Am 30. Dezember hatte ich dann so die Nase voll, dass ich wieder einmal bei ihm nachfragte, wann Brownie denn endlich zu dem nahegelegenen Bauernhof transportiert werden könnte. Ich hatte offensichtlich einen Überraschungseffekt erzielt, denn Anton stimmte meinem Vorschlag zu. Ich hatte ihm geschrieben, dass ich an Silvester vormittags zu seinem Stall kommen würde und wir Brownie direkt in ihr neues Zuhause bringen könnten.

Ich war ziemlich aufgeregt, als ich am 31.12. bei Antons Stall ankam. Ich durfte noch ein bisschen Zeit mit Brownie und der Gruppe verbringen, bevor ich sie aus ihrem aktuellen Zuhause nahm. In dem Moment, als ich sie von ihren Freundinnen trennen musste, tat es mir ziemlich leid, doch was blieb uns anderes übrig?

Sehr bewußt holte ich Brownie selbst aus der Herde und gab sie erst dann Anton auf den Arm, damit er sie in den Hänger laden konnte. Ich hatte herausgefunden, dass

Brownie nie böse auf mich ist, wenn ich sie so, wie sie es kennt, einfange. Sie vertraut mir und weiß genau, dass ich ihr nichts Böses tue.

Würde Anton sie einfangen wollen, wäre das ein Problem, da sie erstens nicht freiwillig zu ihm kommen würde und zweitens hätten sowohl Anton als auch Brownie Stress. Brownie wäre dann ziemlich sauer auf Anton mit dem Ergebnis, dass sie ihm so gut es geht aus dem Weg gehen würde.

Brownie wurde immer ziemlich unruhig, manchmal sogar panisch, wenn sie Anton sah oder er sich in ihrer Nähe aufhielt. Trotzdem ließ ich sie von Anton in den Hänger tragen. Im Hänger war sie ganz alleine, sie versuchte den Kontakt zu den anderen nicht aufzugeben.

Verzweifelt blökte sie nach den anderen und bekam auch Antworten zurück, aber sie konnte ihre Freundinnen nicht mehr sehen. Ich sprach immer wieder beruhigend auf sie ein, sodass sie ein bisschen entspannter wurde.

Auf der Fahrt zu Brownies neuem Zuhause war ich ziemlich angespannt, da Anton manchmal ein wenig schneller fuhr und ich Angst um meine Brownie hatte, da sie alleine in dem großen Hänger war. Zu meiner Beruhigung sagte Anton, dass sich Kamerunschafe bei einem Transport hinlegen, um nicht das Gleichgewicht zu verlieren oder gar in den Kurven umzukippen. Nach etwa zwanzig Minuten Fahrt kamen wir dann an unserem Zielort an. Ich kann mich noch ganz genau an alles erinnern.

Meine Nachbarin Ellice kam auch dazu, um zu sehen, wo Brownie von nun an leben würde. Als erstes bin ich zu Brownie in den Hänger gegangen, um sie ein wenig zu beruhigen, da sie ziemlich aufgeregt war. Dann hielt ich sie fest und alles lief wie beim Einladen.

Anton nahm mir Brownie ab und trug sie zu ihrem neuen Gehege. Dort angekommen, öffnete ich die Tür und Anton setzte Brownie behutsam hinein, wobei sie es ziemlich eilig hatte, von ihm wegzukommen.

In dem eingezäunten Gehege warteten bereits drei andere Kamerunschafdamen. Eine weiß/braun gescheckte Aue, eine hellbraune Aue und eine braun/schwarze Aue mit ein bisschen Weiß. Kaum war Brownie drinnen, ging das Chaos los. Die Tiere kannten Brownie nicht und Brownie kannte sie nicht.

Bei der Zusammenführung einer neuen Gruppe sieht alles ziemlich wild aus, aber das legt sich meist nach den ersten Tagen. Natürlich hatten Anton und ich das Gehege sofort wieder verlassen und beobachteten das ganze Geschehen nun von außen.

Und dann kam der Bauer, dem der Hof gehört. Anton machte mich mit dem Bauern bekannt und wir redeten ein bisschen. Wie Anton es mir versprochen hatte, regelte er gleich, dass ich immer, wenn ich möchte, zu Brownie kann, ohne erst jemand fragen zu müssen.

Langsam begann es zu schneien und Anton musste weiter. Ellice und ich gingen nochmal nach Brownie schauen. Ich ging zu ihr ins Gehege und sie kam gleich zu mir. Ich war ihre einzige Vertraute in der ihr noch fremden Umgebung. Sie suchte ein bisschen Schutz bei mir bzw. einfach den Kontakt.

In dem Gehege befand sich ein Erdhügel, den sie erklomm, um sich eine Übersicht über alles zu verschaffen. In dieser Situation konnte ich ein schönes Foto von ihr machen, auf dem man auch gut die Schneeflocken sehen kann, die zum Abschluss dieses wunderbaren letzten Tag des Jahres vom Himmel fielen.

Brownie und ich sind mittlerweile zu einem festen und starken Team zusammengewachsen, wir gehen gemeinsam durch dick und dünn.

Brownie gibt mir immer Rückhalt, schenkt mir Zuversicht und baut mich schon nur aufgrund ihrer Anwesenheit auf. Sie ist nun fast zwei Jahre alt. Ich kenne sie seitdem sie ein halbes Jahr alt war und hoffe, dass noch viele schöne gemeinsame Jahre vor uns liegen!

Ich bin zutiefst dankbar, dass der Schäfer Anton mir diese glückliche Lösung mit Brownie ermöglicht hat.

## *Gedanken zum Schluss*

Durch die stark eingeschränkte Bewegungsfreiheit in der Corona-Pandemie konnte man sich ganz anderen Dingen widmen. So konnte ich meine gesamte Freizeit mit den Kamerunschafen verbringen – und daraus ist letztlich dieses Buch entstanden.

Allen Menschen, die in dieser Geschichte eine Rolle spielen, möchte ich sehr herzlich danken, insbesondere auch meinen Eltern. Ohne euch würde es diese Veröffentlichung nicht geben, DANKE!

Die Namen der handelnden Personen sind frei erfunden.

*Céline Frankenhauser*